柯俊年

（柯老大）_著

中信出版集团 | 北京

图书在版编目（CIP）数据

好吃得停不下来 / 柯俊年著. -- 北京：中信出版社，2019.6
ISBN 978-7-5217-0478-5

I. ①好… II. ①柯… III. ①菜谱 IV. ①TS972.12

中国版本图书馆CIP数据核字（2019）第084987号

好吃得停不下来

著　　者：柯俊年
出版发行：中信出版集团股份有限公司
（北京市朝阳区惠新东街甲4号富盛大厦2座　邮编　100029）
承 印 者：鸿博昊天科技有限公司

开　　本：787mm×1092mm　1/16　　印　　张：12.25　　字　　数：109千字
版　　次：2019年6月第1版　　印　　次：2019年6月第1次印刷
广告经营许可证：京朝工商广字第8087号
书　　号：ISBN 978-7-5217-0478-5
定　　价：59.00元

目录

自 序

我从小在台湾的艋舺长大。艋舺是台湾北部率先发展的城市，那里的美食和小吃非常丰富。我家是做美发生意的，在我小的时候，妈妈工作很忙。我是家中老大，从小就要承担很多家务，又因为很喜欢吃美食，所以就开始自己动手做，从炒青菜、蛋炒饭、炒鸡蛋等最简单的家庭料理开始做给自己吃。来做美发的客人来自五湖四海，看到我这个不到十岁的小男孩站在小板凳上做饭都会很惊讶。在周遭人七嘴八舌的指导和提示下，我慢慢地学习了不同地域的美食，这些客人也算是我做美食的启蒙老师吧。

后来我当兵进入伙房，这才算是正式踏入了餐饮行业。退伍后，我进入一家金融机构上班，但后来觉得自己还是热爱美食，所以正式开始把“煮饭”这个本事拿来当了职业。

很多人知道我是因为我参加了综艺节目《康熙来了》，这其实已经是我在娱乐圈工作了十几年之后的事了。那是一次偶然的机会，节目邀请了几位有名气的厨师带来自己的拿手菜。因为我在娱乐圈工作的时间久了，不会像其他厨师一样怯场慌张，也由于我对食物与烹饪都有自己的见解，所以节目播出后，我受到了观众的喜爱。我由此开始了与《康熙来了》长达几年的合作，与美食有关的话题都会有我的出现。

后来因为电视节目的关系，也因为我一直都在寻找更好用的烹饪厨具和刀具，我与贝印公司开始了合作，从参与设计厨具到后来成了亚洲区的代言人。

做电视节目之外，我在大学的餐饮营养系任教也已经有三年时间了。在教学中，我从基础的食物食材开始讲起，从基本菜肴的做法到宴客大菜的制作都有涉及。我很愿意尽自己所能为学生提供他们所需要的帮助，也很开心看到自己的学生能通过我的讲授发展自己的事业，让学生学以致用是我任教的最终目标。

做美食是一件很开心的事情——给自己和家人带来美味又健康的食物，让身边的人感受到美食带给他们的幸福和满足，这也是我多年来一直热衷于此的原因吧。我平生有三大爱好：教人家煮东西吃，煮东西给人家吃，吃人家煮的东西。我喜欢吃好吃的，也喜欢做好吃的给大家吃，更喜欢教大家做菜，也基于此，有了这本书。

这本书是酥趣和我共同打造的精选集，也是我在大陆出版的第一本书。书中选取的都是我多年来的精选食谱，包含了很多台湾的名菜名吃，从基础便当到健康减脂菜、儿童营养餐到宴客菜式都有涉及。我还会介绍自己用得称手的刀具、厨具、调味料和特色食材。其中很多食材和调味料的使用都是台湾的传统做法，也算是对台湾美食文化的一种传承，像胡麻油、米酒、面线、柴鱼高汤等，都是很有特色同时也会带来好味道的调味料和食材。

我教做菜已经有很多年了，我希望通过这些宣传能够让更多的人去吃真食物，而不是食品。我认为“食品”就是加工食品，而去菜市场购买食材再经过烹调方法做出来的才是真食物。在这本书中，我根据多年的烹饪经验，总结精选出 31 道特色“真食物”的做法步骤和小贴士。在保证食物美味的基础上，我尽可能对菜品的制作过程进行了简化，同时采用原汁原味的轻烹调方式，减少了一些不健康调味品的使用。希望这些内容能让更多的人愿意动手去做菜，也能让大家吃得更健康、更美味。

平时我也会在我的新浪微博上分享食谱，欢迎大家关注我 @ 柯俊年就是柯老大。

准备篇

必备厨房神器之调味料

酱油

又称豉油，可结合腌渍、红烧、卤制等烹调法，主要功能为增香和调味。由黑豆酿造而成的酱油，其口感甘香微甜，豆香味也更厚重。

酱油膏

又称油膏，是特种酿造酱油晒炼的加工品，风味优良，经久不坏。酱油加入调味料及淀粉煮成浓稠状，即成酱油膏。与酱油相比，酱油膏香气更加浓郁。酱油膏除了可以调味外，也能直接当蘸酱，例如新鲜食材经汆烫后，可直接蘸着食用。

本菜谱中使用的酱油、酱油膏均来自金兰食品。金兰创立距今已逾 70 年，金兰的发展轨迹是一部浓缩的当代酱油酿造史。其酱油和酱油膏中添加了美国硬红麦，在发酵过程中增添了浓厚的麦香味。

味啉

味啉又称米霖，是日本料理中常用的调味料，以大米为主原料，加上米曲，添加糖、盐等制备而成的发酵调味料，属于料理酒的一种。

味啉的甜味虽不像砂糖般浓郁，却有砂糖无法媲美的甘甜和鲜美，能充分呈现出食材的原味，例如做照烧类料理时，味啉便是不可或缺的调味料。

通常烹调时加酒能使食材变软，但味啉却具有紧缩蛋白质的效果。烹调时加入味啉还能增添光泽，使食材呈现更诱人的色泽。

乌醋

乌醋，又名永春老醋或福建红粬醋，是福建省传统调味佳品。福建永春与山西清徐、江苏镇江、四川阆中并称“中国四大名醋”产地。经过精工制作的永春老醋品质优良，醋色棕黑，其性温热，酸而不涩，酸中带甜，醇香爽口，回味生津，且久藏不腐，是质地优良的调味品。如果不方便购买，可以用镇江醋代替。

清酒

说到清酒，人们都不陌生，它是日本最具代表性的酒类之一，以大米与天然矿泉水酿制而成，清亮透明，芳香宜人，口味醇正，绵柔爽口，酒精含量通常在 15%~18%，含多种氨基酸、维生素，是营养丰富的饮料酒。清酒被日本人誉为“不可思议的液体”，不同的清酒有不同的滋味。在较清淡的菜中放入少量清酒，可以去腥增香，为美味佳肴添砖加瓦。

柴鱼高汤

柴鱼高汤，也被称作日式高汤、昆布高汤或出汁，是日式料理中经常会用到的一种高汤。区别于中式高汤的长时间炖煮，柴鱼高汤可以在短短的几分钟内将原料的精华提炼出来。多以柴鱼片、昆布、水煮制而成。柴鱼片又称木鱼花，由烘烤干燥后的鲣鱼削成薄片制成。昆布与海带同属海带目，却不同科。昆布表面的白色霜状物是富含甘露醇的结晶，是鲜味的来源，用干布或微湿的毛巾轻擦即可，不需完全洗干净。

昆布

柴鱼片

制作方法：

用干布或微湿的毛巾将昆布表面擦净（切勿直接冲洗）；

取锅，加入 5~6 克昆布，再加入 1 200 毫升清水浸泡 20 分钟以上，无须换水直接用中火煮开，后将昆布捞出；

放入柴鱼片煮至沸腾，去掉泡沫杂质，再将柴鱼片过滤，取其汁液冷却即为柴鱼高汤。

柴鱼高汤可以提高菜品的鲜醇口感，多见于日韩及东南亚国家或地区的菜系中。

七味粉

七味粉又叫七味唐辛子，是日本料理中一种以辣椒为主材料的调味料，由辣椒与其他 6 种不同的香辛料配制而成。通常七味粉用于乌冬面或荞麦面的调味，可以给食物增加辣味，也可以促进食欲。

米酒

在台湾人的日常生活中，不论是红白喜事，还是一些重要的生命礼仪，都少不了米酒特别是红标米酒，可以说米酒是人们饮用、烹饪、消毒的必备品。在烹饪中，米酒常用于调味、去腥和提鲜。在台湾菜系中，绝大多数的菜和汤，都是用红标米酒来料理的。

姜

嫩姜与老姜分别适用于不同菜式。嫩姜是新鲜带有嫩芽的姜。嫩姜块柔嫩，水分多，纤维少，颜色偏白，表皮光滑，辛辣味淡薄。老姜外表呈土黄色，表皮比嫩姜粗糙，且有纹路，味道辛辣。

嫩姜辣味淡，口感脆嫩，一般可用来炒菜或腌制成糖姜片等。比如生姜炒牛肉丝，就选嫩姜为宜。牛肉鲜嫩爽滑，嫩姜淡淡的辛辣味恰到好处。老姜味道辛辣，一般用作调味品，熬汤、炖肉时用老姜再合适不过。老姜药用价值高，可驱寒、抗衰老，这也是为什么说“姜还是老的辣”。

罗勒叶

罗勒的品种之一，其花呈多层塔状，由于其茎、叶、花均有浓烈的八角茴香味，也叫兰香罗勒。这种香料在我国广东、福建、台湾菜中十分常见，广受欢迎的台式三杯鸡就加入了罗勒叶提升香气。

必备厨房神器之特色食材

猪血糕

台湾人承袭了大陆南方“食补”的传统观念，喜欢吃猪血或猪血制品，猪血糕就是市面上最常见的猪血制品之一。猪血糕通常用新鲜的猪血加入糯米、盐及其他材料，然后蒸熟成为凝固的块状，口感比一般的糯米糕还硬一些。也有使用鸭血制作的血糕，通常较硬，比较适合烹煮。

面线

面线是将面粉加盐发酵以后制成的极细的面条。不含碱，烧煮的时候不用焯水，又因为加了盐，所以不需要过多烹饪，就有滋味在其中。面线起源于福建，但发扬于台湾，其细长的外形容易吸取汤汁，微咸的滋味适合衬托浇头，爽韧的口感则宜于增强咀嚼的快感。台湾人以其丰富的想象力制作面线相关美食，如蚵仔面线、猪蹄面线、大肠面线等，可见台湾人对于面线的喜爱。

必备厨房神器之工具

菜谱中所使用的刀具均来自贝印（KAI）的旬系列，具体包括中华菜刀、三德刀和水果刀，该品牌刀具均由日本制造，采用工匠工艺，坚固耐用，安全卫生；

磨刀石以及砧板，均来自贝印关孙六系列；

量勺来自贝印精选系列，共 4 支，容量分别为 1.25 毫升、2.5 毫升、5 毫升、15 毫升。

KAI

必备厨房神器之器具

菜谱拍摄过程中，使用的是米家电磁炉。它小巧简约、颜值在线，没有复杂的按钮，所有功能可以一键搞定。它让做菜变得简单，烹饪“小白”也会用！别看电磁炉小巧，但火力很旺，最高可达 2 100 瓦，做本菜谱中的菜式都没有问题。持续加热不间断的小火，可以给予如灶火一般的体验感。

米家电饭煲能根据不同种类的米提供不同的煮米方案，米饭软硬口感可调，连接Wi-Fi（无线网络）后手机App（应用软件）可随时随地遥控煮饭，非常适合忙碌的都市上班族。

此次锅具我们使用了米家知吾煮系列奶锅、炒锅、平底锅、煮锅以及鸳鸯锅。

第一章

加班熬夜吃不好？抚“胃”人心快手菜

厨房“小白”也能轻松上手的高级便当!

朝九晚五或经常加班的白领上班族，每天除了上班工作，还有三个亘古不变的话题：“早饭吃什么”“午饭吃什么”“晚饭吃什么”。吃外卖担心高油高盐不卫生，买加工食品又怕添加剂太多，自己动手下厨又觉得费时费力。别担心，本章教你厨房“小白”也能迅速学会的快手菜，短时间搞定吃什么的问题。

新式盖浇饭

去日本旅行或是进到日料店，人们经常会看到“丼”字（中文发音同井，指有水的井，亦指盛饭的食具）。“丼”是日本料理对盖浇饭的通称，日本料理“牛丼”“亲子丼”即牛肉盖饭、鸡肉盖饭。

早期流行的丼是江户时代末期出现的深川丼，以及大约于 19 世纪初开始广受欢迎的鳗丼。由于丼方便快捷，在繁忙的时候可以迅速解决吃饭问题，因此这道料理很快成为大众欢迎的美食。它可以包含不同的食材和米饭，也常有人会把吃剩下的食材（包括肉和蔬菜）盖在饭上，当成丼饭。为了大家阅读方便，以下把丼通称盖浇饭。

下面就来看看不同盖浇饭的做法吧！

元气牛肉饭

食材

大米 180 克

洋葱 1/2 个

昆布 1 片

柴鱼片 1 把

牛肉卷 1 盒

鸡蛋 1 个

调味料

酱油 30 毫升

味啉 45 毫升

清酒 45 毫升

葱花适量

步骤

① 处理食材

将牛肉卷提前解冻备用，大米洗净后倒入电饭煲加水煮熟；

洋葱洗净切成如图中大小的丝状。

② 制作柴鱼高汤

详见准备篇柴鱼高汤部分。

③ 煮食材

向锅中倒入清酒、味啉、酱油，用大汤匙取一勺半柴鱼高汤，加入洋葱，中火煮开至洋葱软，再加入牛肉片。煮熟盛出淋在白米饭上，依个人口味撒上葱花增香即可。

柯老大说

烹饪时间：约 25 分钟。

本配方适合 1~2 人享用。

快手菜最重要的是合理安排时间，先淘米煮饭，然后利用煮米饭的时间处理和炒制食材。米饭煮熟时，浇在饭上的菜也热气腾腾地出锅了。元气牛肉饭偏日式口味，软嫩的牛肉配上微甜的洋葱，营养丰富，能够快速让你充满能量。

煮一个半熟的鸡蛋，摊在盖浇饭旁边，吃时拌入味道更佳哦。

洗米时不要搓揉，否则会造成大米表面出现“伤痕”，导致做熟的米饭糊化过软，淘米时用指腹翻几次再按压几下即可。

鲜贝虾仁饭

食材

大米 180 克

虾仁 10 只

柴鱼片 1 把

洋葱 1/2 个

昆布 1 片

干贝约 20 颗

鸡蛋 2 个

调味料

酱油 30 毫升

味啉 45 毫升

清酒 45 毫升

葱花适量

步骤

① 处理食材

大米洗净，倒入电饭煲加水煮熟。

将干贝提前泡软，虾仁去肠泥，洋葱洗净切丝，鸡蛋打散备用。

② 制作柴鱼高汤

详见准备篇柴鱼高汤部分。

③ 煮食材

向锅中倒入清酒、味啉、酱油，以及一勺半大汤匙的柴鱼高汤，再加入洋葱、干贝、虾仁，中火煮熟，当洋葱煮软，再向锅中淋上蛋液，至蛋液凝结成形，淋在蒸好的米饭上即可。

柯老大说

烹饪时间：约 25 分钟。

本配方适合 1~2 人享用。

最后淋上蛋液是这道菜的点睛之笔，干贝、虾仁、洋葱在鸡蛋的覆盖下融为一体，鲜、香、甜交织，味道细腻，层次丰富。

使用干贝时，大干贝不易泡软，可切成小块，小干贝直接泡软即可。

照烧鸡腿饭

食材

大米 180 克

鸡大腿 2 只

调味料

酱油 30 毫升

冰糖 4 颗

清酒 30 毫升

味啉 30 毫升

植物油 7.5 毫升

步骤

① 处理食材

鸡腿洗净去骨，放在厨房用纸上吸净表面水分；大米洗净，倒入电饭煲加水煮熟。

② 煎肉

锅热后加入植物油，将有鸡皮的面朝下煎至酥脆微焦状，再翻面煎至鸡肉均匀上色。

③ 调味

向锅中加入酱油、味啉、清酒、冰糖，一起煮至开锅，再转小火煮 15 分钟；待肉煮熟后，开大火收汁至酱汁黏稠，淋在白饭上即可。

柯老大说

烹饪时间：约 20 分钟。

本配方适合 1~2 人享用。

仅需 2 种食材，5 种调料，简单 3 步就能自制照烧鸡腿饭。如果想让菜品颜色更丰富、香气更迷人，也可以切些葱花放在米饭上。作为便当的话，还可以增加一些蔬菜（如开水煮西兰花、菜花、胡萝卜片等）搭配享用。

用厨房用纸（吸水纸）将鸡腿上多余的水分吸干可防止下锅时油花四溅，同时让鸡肉受热更均匀。

懒人必备——菜饭

菜饭，有的地方叫“咸饭”，有的地方叫“咸碎饭”，也有的地方因为使用海鲜所以叫“海鲜饭”。菜饭是中国民间一种特色饭食，比较著名的菜饭有上海菜饭、福建菜饭、台湾菜饭等。这种烹饪方式是在劳动人民“靠山吃山，靠水吃水”、勤俭节约的风俗下产生的。将菜肴与主食结合在一起，制作方便，味道鲜美，营养丰富。

樱虾黑米菜饭

食材

黑米（紫米）360 克

樱花虾（虾米）50 克

香菜 1~2 根

洋葱 1/4 个

口蘑 3 个

番茄 1 个

蟹味菇约 100 克

猪梅花肉 100 克

调味料

植物油 15 毫升（炒饭）
7.5 毫升（煎虾）

酱油 15 毫升

蒜 8 瓣

黑胡椒粉 3 克

盐 5 克

步骤

① 处理食材

番茄洗净切丁，洋葱洗净切丁，口蘑洗净每个十字切为 4 小块，蟹味菇洗净切段，猪梅花肉切丝，蒜剥皮切块，香菜洗净切碎；黑米洗净，倒入电饭煲加水煮熟。

② 炒饭

锅热后入植物油，调至中火，加入猪梅花肉炒熟变色，再加入洋葱、番茄、口蘑、蟹味菇，炒至所有食材变软，倒入煮熟的黑米饭，适量盐和黑胡椒粉，搅拌均匀后加入酱油，小火焖 5 分钟左右。

③ 煎虾

另起一锅，锅热后倒入植物油，油热后，放入蒜块，炒出香味后，加入樱花虾爆香，关火后放入切碎的香菜，再均匀地淋在黑米饭上，食用前拌匀即可。

柯老大说

烹饪时间：约 20 分钟。

本配方适合 1~2 人享用。

樱虾黑米饭咸香可口，黑米软糯适口、营养丰富，具有很好的滋补作用；口蘑和蟹味菇两种菌类则可以补充维生素和氨基酸。

照片中使用的是干虾米，如果樱花虾不好购买，可用虾米、海米或者虾仁代替。

竹笋菜饭

食材

糙米 180 克

木耳 1 把

干虾米 1 把（约 15 克）

猪梅花肉 1 块

竹笋 1 包

调味料

小米辣椒 4 根

葱花适量

植物油 15 毫升（炒食材）
7.5 毫升（炒虾米）

蒜 4~5 瓣

酱油 15 毫升

绵白糖 5 克

香油 5 毫升

米酒 15 毫升

步骤

① 处理食材

将竹笋洗净切段，梅花肉切片，木耳泡软洗净，蒜剥皮切末，辣椒洗净切成斜片，虾米洗净后泡软切末；糙米洗净，倒入电饭煲加水煮熟。

② 炒制食材

向锅内倒入植物油，大火至油热后，放入猪梅花肉拌炒至肉变色，大致八分熟时，再加入竹笋拌炒。后加入木耳、蒜末、辣椒，炒出蒜香，炝入米酒、酱油再加入糖，炒至汤汁收干后，淋上香油，拌入葱花即可。

③ 炒虾米

另起一锅，向锅内倒入植物油，油热后爆香虾米末，再放入煮好糙米饭拌匀，加入炒熟的竹笋肉片，拌炒均匀，小火焖至入味即可。

柯老大说

烹饪时间：约 35 分钟。

本配方适合 1~2 人享用。

这道食谱选用糙米制作，糙米质地紧密，煮饭时可以多加一点水，煮的时间也要比普通大米长一些。糙米膳食纤维丰富，尤其适合有瘦身减脂需求的人。

简单美味——炒饭（炒米粉）

由于食材容易获取、操作简便，炒饭是很多厨房“小白”的启蒙菜式；炒米粉则是闽南菜系的经典小吃，主料为米粉，加上鸡蛋和一些时令蔬菜炒制而成。升级版炒饭海藻虾仁饭和港式特色星洲炒米粉，为你带来简单易操作的家常美味。

海藻虾仁饭

食材

大米 360 克

虾仁 8 只

鸡蛋 2 个

海藻 50 克

调味料

植物油 15 毫升

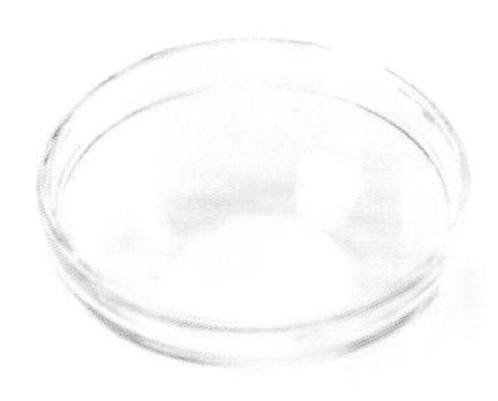

盐 5 克

白胡椒粉 3 克

步骤

① 处理食材

将海藻浸泡 20 分钟，中途换水 3 次，最后沥干水分剁碎；虾仁洗净，鸡蛋打散；大米洗净，倒入电饭煲加水煮熟。

② 炒饭

向热锅倒入植物油，大火加入鸡蛋，炒散后加入虾仁。当虾仁炒熟变色，放入米饭拌炒再加入海藻拌匀，最后加入胡椒粉和盐调味，拌炒均匀即可。

柯老大说

烹饪时间：约 40 分钟。

本配方适合 3~4 人享用。

海藻的爽脆加上鸡蛋、虾仁的绵软，让这道炒饭味道清新鲜美，层次丰富。

如果使用的是较大的虾仁，可以切成段使用；

海藻可以换成紫菜、海苔，或者其他水生植物。

星洲炒米粉

食材

米粉（干）300 克

虾仁 15 只

鱿鱼 1/2 只

叉烧肉 80 克

韭黄 1 把

洋葱 1 个

鸡蛋 4 个

调味料

植物油 15 毫升（炒鸡蛋）
15 毫升（炒洋葱等）

高汤 300 克

酱油 15 毫升

盐 5 克

咖喱粉 20 克

白胡椒粉 3 克

 步骤

① 处理食材

米粉剪短后泡软，鱿鱼洗净切片，虾仁去肠泥，叉烧肉切片，韭黄洗净切段，洋葱洗净切丝，鸡蛋打散。

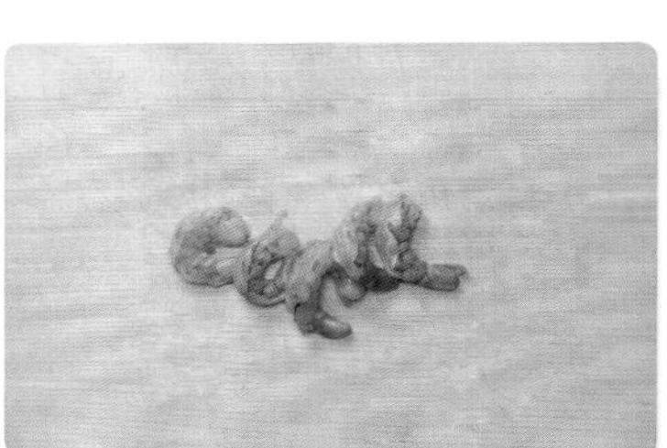

② 煸炒食材

向热锅倒入植物油，大火倒入鸡蛋液，炒至成形后取出。锅中再次倒植物油，中火冷油放入洋葱炒香，加入鱿鱼和虾仁炒熟变色，取出备用。

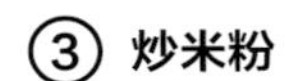

③ 炒米粉

锅内倒入高汤，大火，加入咖喱粉、酱油、胡椒粉、盐调味，加入鸡蛋、米粉、鱿鱼和虾仁搅拌均匀，放入叉烧肉和韭黄，搅拌至汤汁收干，盖上锅盖熄火焖 5 分钟左右。

柯老大说

烹饪时间：约 30 分钟。

本配方适合 5~6 人享用。

星洲炒米粉的名字源于新加坡，却常常出现在港式茶餐厅和国外唐人街的菜单上。咖喱粉是它的精髓所在，既能让菜品味道更加浓郁，也能让米粉颜色更诱人。

米粉稍微泡一下即可，泡太软容易断。

柯老大独创

常见的卤肉饭，通过食材与烹饪方式的变化呈现出中西两种风味，煎饼则由于三文鱼的加入带有日式风味。更有美味升级小技巧，让口感富有多个层次。这些菜的做法看似都不难，但会让味蕾感受到惊艳，不信你试试就知道！

老干妈风味卤肉饭

食材

大米 360 克

五花肉 1 块

调味料

植物油 50 毫升

冰糖约 100 克

老干妈豆豉 100 克

米酒 100 毫升

酱油 60 毫升

步骤

① 处理食材

五花肉切丁；大米洗净，倒入电饭煲加水煮熟。

② 煸炒肉丁

热锅凉油，放入肉丁翻炒，大火炒至肉丁全部变色且部分微焦。

③ 混合翻炒

加入冰糖翻炒，冰糖融化后炒制的肉丁变成微黄的浅咖啡色，加入老干妈豆豉和酱油分别翻炒出香味，再加入米酒翻炒，加水适量保证没过食材 1 厘米左右，即可转小火加盖焖煮 20 分钟。待卤肉焖煮完毕后，淋在煮好的米饭上。

柯老大说

烹饪时间：约 30 分钟。

本配方适合 3~4 人享用。

这道菜的重点在于混合翻炒时需要小火煸炒，将酱料的香气炒出来；冰糖处理部分，需要将糖焦化，再加水还原它，可以使整道菜的颜色更漂亮。

在卤肉饭上摊一个半熟的鸡蛋，或者把煮好的鸡蛋放在卤汁里浸泡一段时间后切开放在卤肉饭上，会更美味！

加入调料分别炒出香味的目的是让卤肉尝起来具有丰富的层次；注意加入调料时要小心，锅内油较多容易外溅。

将原配方内的老干妈酱的 1/5 替换成辣豆瓣酱，可做成香辣卤肉饭。

将原配方的五花肉换成同样克数的牛肉馅，老干妈酱全部替换成辣豆瓣酱，可做成辣味牛肉饭。

番茄洋葱卤肉饭

食材

大米 360 克

番茄 4~6 个

洋葱 3~4 个

五花肉 1 块

调味料

植物油 50 毫升

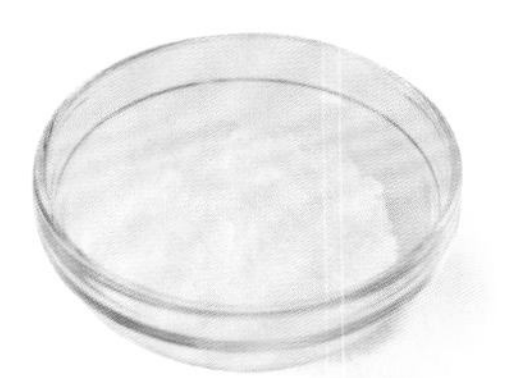

冰糖约 100 克

米酒 100 毫升

酱油 100 毫升

步骤

① 处理食材

五花肉切丁，番茄、洋葱洗净切丁；大米洗净，倒入电饭煲加水煮熟。

② 煸炒肉丁

热锅凉油，放入肉丁翻炒，大火炒至全部变色且部分肉丁微焦，倒入洋葱和番茄炒香。

③ 混合翻炒

加入冰糖翻炒，冰糖融化后炒至肉丁变成微黄的浅咖啡色，加入酱油翻炒出香味，再加入米酒翻炒，加水适量保证没过食材 1 厘米左右，即可转小火加盖焖煮 20 分钟左右。待卤肉焖煮完毕后，淋在煮好的米饭上。

柯老大说

烹饪时间：约 30 分钟。

本配方适合 3~4 人享用。

番茄洋葱卤肉饭选用意大利面红酱食材，呈现出西式酸甜风味。

炒制过程中猪肉会出油，所以要适当放植物油。

洋葱炒制软化即可，不可炒到糖化。推荐使用新鲜番茄，味道比较柔和。如使用罐头番茄，则需要延长炒制时间，炒至无罐头铁味为止。

关西风味海鲜煎饼

食材

全麦面粉 120 克

生蚝 8 个

韭菜 1 小把

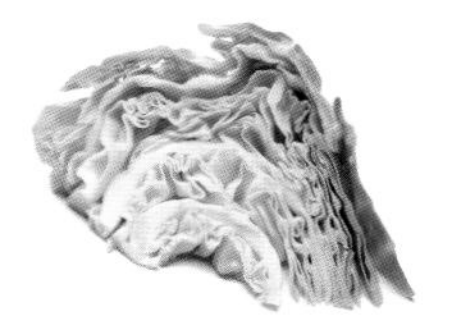

圆白菜 1/8 个

鸡蛋 2 个

青海苔适量

三文鱼 100 克

虾仁 10 只

昆布 1 片

调味料

香油 7.5 毫升

盐 5 克

植物油 7.5 毫升（炒圆白菜）
7.5 毫升（煎饼）

白胡椒粉 3 克

炒熟芝麻粒适量

柠檬汁 2~3 滴

柴鱼酱油 7.5 毫升

味啉 2.5 毫升

七味粉 5 克

步骤

① 处理食材

三文鱼切丁，圆白菜洗净切丝，韭菜洗净切段。锅内水煮开，放入昆布，煮一分钟左右，保留昆布高汤备用。生蚝用热水烫煮至浮起即可。

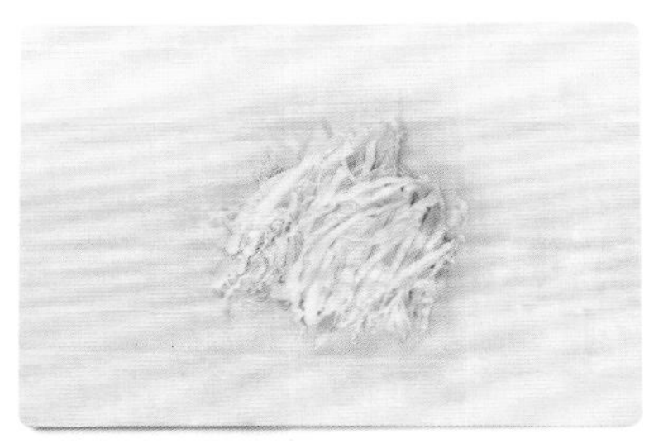

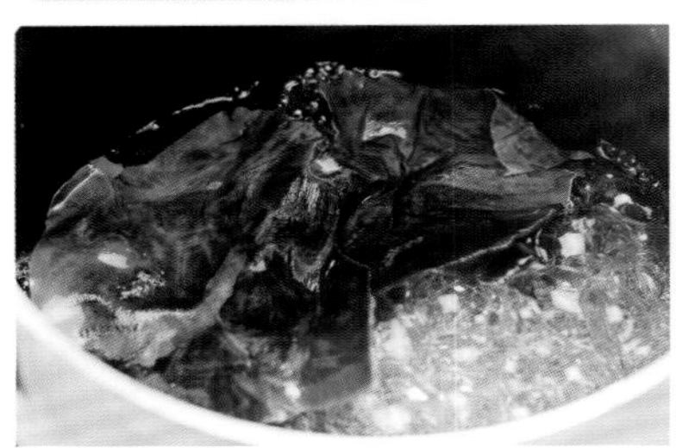

② 煎制海鲜

向锅内加入半勺香油，小火煎虾仁至变色取出，三文鱼煎至褪去血红色取出。

③ 炒制圆白菜

锅内倒入植物油，油热后倒入圆白菜，中火炒至变软取出。

④ 制作面糊

全麦面粉加入鸡蛋，缓慢地加入昆布高汤搅匀，加入全部食材，搅拌均匀。

⑤ 煎饼

热锅倒入植物油，中火倒入面糊，定型后翻面煎熟，即可取出。

⑥ 制作蘸酱

小碗放入柠檬汁、柴鱼酱油、味啉，芝麻粒研磨成粉后放入碗中，搅拌均匀即可。

柯老大说

烹饪时间：约 25 分钟。

本配方适合 1~2 人享用。

全麦面粉即中筋面粉，家里的饺子粉就可以。

本配方的面糊量大约可以制作 2 个煎饼；面糊搅好后质地均匀，且有一定的流动性。

昆布的营养成分在表面，所以昆布不用洗，轻微擦拭后可直接使用。

煎三文鱼时不需要重复放油。

如果柴鱼酱油不方便购买，可以使用其他口味较淡的酱油。

第二章

由内而外美出来，抗老养颜减肥菜

精致女人的养颜精选菜

如何成为真正的精致女孩，如何吃得美味还能保持完美身材？古人常说“民以食为天”，可见食补意义非凡——补气、减肥、抗老、驻颜……小仙女们是不是眼睛都已经发亮了？请准备好你们的“小本本”！

边吃边瘦

想减肥瘦身却厌倦了顿顿都是沙拉和白水煮菜？想要在夏季来临之前获得完美身材？低脂减肥餐和夏季养生凉菜，让你边吃边瘦。

五彩嫩鸡盅

食材

鸡胸肉 1 片

木耳 1 把

玉米笋 6 个

洋葱 1/4 个

腐竹（干）6 根

西兰花 1/2 颗

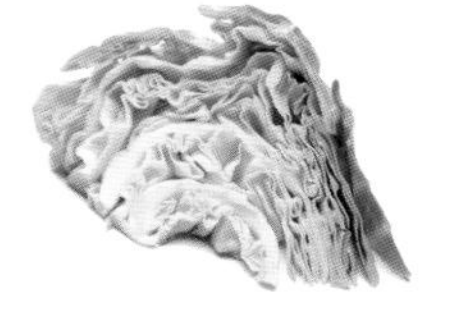

圆白菜 1/6 个

番茄 1 个

调味料

植物油 15 毫升

干辣椒 5 根

盐 5 克

白胡椒粉 3 克

香油 10 毫升

马铃薯淀粉适量
（根据鸡胸肉大小判断）

步骤

① 腌制鸡胸肉

鸡胸肉切片，拌入盐、香油、胡椒粉、马铃薯淀粉。

② 处理食材

番茄洗净切块，洋葱洗净切片，腐竹泡软切段，木耳泡软，玉米笋洗净对切，圆白菜切片，西兰花洗净切小朵。

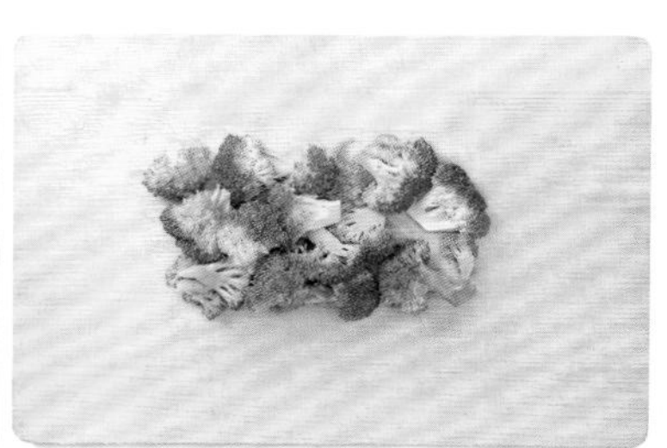

③ 炒制蔬菜

锅内倒入植物油，大火冷油放入洋葱、干辣椒，炒制几下放入番茄，炒软且炒出食材的香味，加水没过食材，依次加入木耳、玉米笋、圆白菜，拌匀煮开，再加入西兰花、鸡胸肉、腐竹，盖上锅盖中火煮 5 分钟即可。

柯老大说

烹饪时间：约 25 分钟。

本配方适合 2~3 人享用。

这道菜主打咸鲜口味，选用低脂高蛋白的鸡胸肉作为主材，非常适合减脂增肌的健身人士。同时选用 5 种蔬菜、1 种菌类和腐竹，营养丰富。如果想要控制热量摄入，也可以去掉热量相对较高的腐竹。

梅汁藕片

食材

莲藕 1 根

青柠檬 2 个

香菜 1~2 根

调味料

白砂糖 70 克

梅子汁 200 克

白醋 10 克（浸泡用）
100 克（酱汁用）

盐 5 克

嫩姜约 50 克

步骤

① 处理食材

嫩姜洗净切末，香菜洗净切末，柠檬洗净对半切再切片；莲藕去皮切成约 2 毫米的薄片，浸泡在白醋和水的混合溶液中，洗掉多余淀粉后，再放入沸水里煮 2 分钟，立刻捞起冰镇，再沥干水分。

② 制作酱汁

调味碗放白醋、盐、糖以及梅子汁，拌匀再加入莲藕片、嫩姜末、香菜末、青柠檬片，一起拌匀腌制一段时间即可。

柯老大说

烹饪时间：约 10 分钟。

本配方适合 2~3 人享用。

梅汁藕片清脆爽口、酸甜开胃，非常适合炎热的夏季食用。沸水煮过藕片后要立刻捞起冰镇，这样可以让藕片的口感更加爽脆。如果放在冰箱中冷藏一段时间再品尝，味道更佳！

如果梅子汁不方便购买，可以用乌梅汁、酸梅汤或话梅浸泡在清水一段时间后的话梅水代替。

气血双补

当代职业女性工作忙压力大，又缺少休息，经常感到疲惫。或许可以选个周末，慢慢煲一锅汤或熬一碗桃胶蜜，补充能量。接下来的两道食谱中加入了中药材，让食补的功效大大提升，并能起到气血双补的作用，从而让你元气满满地工作和生活！

四神汤

食材

猪肚 1 份

猪小肠 1 根

中药材

淮山 50 克

莲子 50 克

芡实 100 克

薏仁 100 克

茯苓 50 克

药酒配料

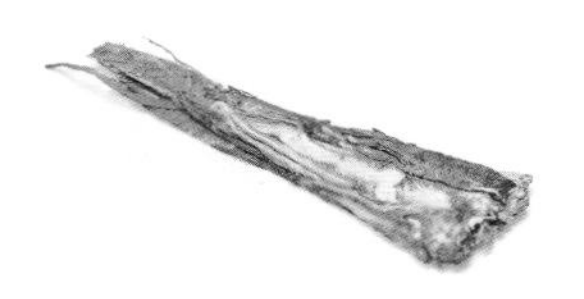

当归 30 克

参须 20 克

枸杞 10 克（约 50 粒）

米酒 600 毫升

调味料

米酒 300 毫升

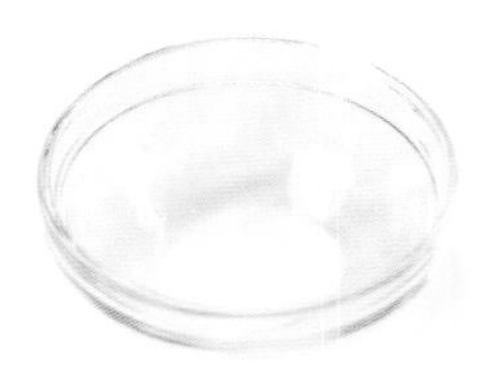

盐 5 克

味精 1 克

步骤

① 制作药酒

将药酒部分材料混合，浸泡在干净的罐子里。

② 处理食材

将猪小肠、猪肚洗干净，切小段或小片，放入沸水内煮 5 分钟，取出漂洗干净。

③ 熬煮食材

将处理过的猪小肠、猪肚与四神汤药材一起放入锅中，加入水 1 000 克和米酒 300 毫升，盖上锅盖小火熬煮一个半小时左右。

④ 调味

放入盐和味精调味，食用时，将泡好的药酒淋一汤匙左右到碗里，再冲入四神汤一同食用。

柯老大说

烹饪时间：约 1 小时 50 分钟。

本配方适合 3~4 人享用。

四神汤是中医著名的健脾食方，其中“四神”是指茯苓、淮山、莲子和芡实，制成的汤品具有健脾、养颜等诸多益处。

如果不喜欢猪肠、猪肚，可以用排骨代替；

药酒要常温浸泡 1~2 天后使用；

猪小肠和猪肚可以用盐搓洗，会清洗得更干净。

番茄桂花桃胶蜜

食材

干桃胶 50 克

番茄 3 个

调味料

白砂糖 250 克

桂花 10 克

步骤

① 处理食材

桃胶需要洗净，提前一天泡水（最少 12 个小时），常温放置即可。番茄洗净，去皮切丁。

② **制作桃胶蜜**

桃胶沥干放入锅中，加水 1 000 克，大火煮开煮软，加白砂糖、桂花调味；放凉后，把切好的番茄拌入即可。

柯老大说

烹饪时间：约 35 分钟。

本配方适合 3~4 人享用。

桃胶是桃或山桃等植物树皮中分泌出来的树脂，又名桃脂、桃花泪，具有清血降脂、缓解压力和抗皱嫩肤的功效。

干桃胶的泡发率在 10 倍左右，50 克干桃胶泡发后约重 500 克。

番茄去皮方法：番茄洗净后在表皮划十字口，水煮开，关火放洗净的番茄，烫 3 分钟左右即可取出脱皮。

桃胶蜜冰镇后享用口感更佳。

抗老驻颜

本章选用滋味鲜美、肉质滑嫩的鸡肉作为主要食材，搭配猪血糕、胡麻油等特色食材和调味料，制作出极具台湾风味的两道菜品。这两道菜品能起到抗老驻颜的效果，是每个想要保持年轻的女性的绝佳选择。

麻油鸡

食材

鸡翅 8 个，鸡腿肉 400 克

猪颈肉 300 克

猪血糕 1~2 块

红枣 11 颗

调味料

胡麻油（亚麻籽油）10 毫升

米酒 1 000 毫升
（其中 200 毫升用来泡红枣）

味精 1 克

老姜 1 块（约 200 克）

步骤

① 处理食材

鸡翅洗净后在中间砍一刀，鸡腿肉洗净切块，猪颈肉切 1.5 厘米左右厚片（逆纹切），猪血糕切块，老姜切片，红枣划开口浸泡在 200 毫升米酒里。

② 煸炒肉类

将锅烧热后倒入胡麻油，加入老姜小火煸至微透明状，加入切好的鸡翅、鸡腿，转大火煎至两面金黄，加入猪颈肉、猪血糕煸炒，略微上色即可。

③ 煮汤

肉类全部煸炒过后，加入米酒没过食材，煮开后加入泡有红枣的米酒，转小火煮约 20 分钟，熄火后加入少许味精调味即可。

柯老大说

烹饪时间：约 30 分钟。

本配方适合 5~6 人享用。

在台湾，只要天气一冷，大家都会吃麻油鸡。麻油鸡不仅香气浓郁，更是滋补身体的佳选。冷的时候，来一碗热腾腾的麻油鸡，暖入心田。

加入鸡翅、鸡腿煎至金黄的时间：电磁炉大火约 5 分钟，明火中火 2~3 分钟即可。

用胡麻油做的菜肴，尤其是汤品类，原则上不调味，只加少许味精即可。

酒精易燃，所以煮汤时要注意安全。

麻油鸡的油脂和汤汁，适合拌饭或者拌面线。面线做法：锅内煮开水，放入面线烫 1 分钟左右即可捞出，过凉水后即可拌汤汁享用。

玉米辣鸡煲

食材

鸡腿 2 只（约 800 克）

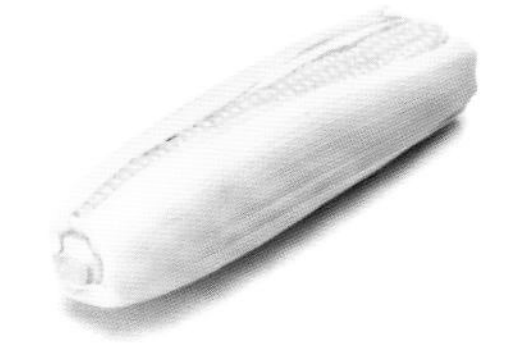

甜玉米 1 根

蟹味菇 150 克

口蘑 200 克（约 20 颗）

西兰花 1/2 颗

红彩椒、黄彩椒各 1/2 个

调味料

干辣椒 5 根

小葱若干

青柠檬 1 个

植物油 30 毫升

辣豆瓣酱 100 克

酱油 60 毫升

冰糖 50 克

米酒 60 毫升

香油 10 毫升

 步骤

① 处理食材

将鸡腿肉洗净切块，玉米洗净切成块状，西兰花洗净切成小朵，彩椒洗净切菱形块，葱切段，干辣椒掰开，青柠檬洗净切成 4 块备用。

② 煸炒鸡腿肉

向热锅倒入植物油，加入鸡腿肉，待大火将其煎至金黄色，加入葱段、干辣椒、辣豆瓣酱，翻炒几下至上色且有酱香味，炝入米酒，闻到酒香味后加入玉米、酱油和冰糖，中火煮 5 分钟左右。

③ 焖煮

加入蟹味菇、口蘑、西兰花、彩椒一起拌炒，盖上锅盖焖煮 3 分钟，起锅前淋上香油，挤上柠檬汁即可。

柯老大说

烹饪时间：约 25 分钟。

本配方适合 3~4 人享用。

玉米辣鸡煲味道鲜辣，尤其适合在微凉的天气品尝。辣豆瓣酱的酱香与米酒的酒香融合在一起，为寒冷的天气增加一点暖意。

喜欢吃辣的可以先将干辣椒掰开之后在水中浸泡一下，辣味会更强烈。

煎鸡腿肉至上色时间：用电磁炉需大火 10 分钟左右，用明火需中火 6~7 分钟。

煸炒食材时，干辣椒不能先放入锅中，以免炒煳。

柯老大独创

有句老话说“吃在地，食当季”。把当地和当季的食材，通过简单的烹调，呈现出不同的味道，让人们以一种全新的方式来感受一道菜，这是我制作很多创新菜的初衷。把不同地方做菜的特点汇总，在制作时取长补短，多些尝试，常常会有很多意想不到的美味出现。

双枣桂花鸡

食材

鸡腿 2 只

红枣 12 个

黑枣 12 个

香菜 1~2 根

调味料

酱油 30 毫升

米酒 45 毫升

植物油 15 毫升

桂花酱 45 毫升

步骤

① 处理食材

将鸡腿切块，红枣、黑枣洗净，香菜洗净并切末。

② 炒制食材

锅内加入植物油，油热后放入鸡腿肉，中火炒熟至上色，加入红枣、黑枣、米酒、酱油以及桂花酱和适量的水，一起煮开。

③ 收汁

盖上锅盖，用小火煮 20 分钟左右，再转大火将汤汁收干，撒上香菜拌匀即可。

柯老大说

烹饪时间：约 35 分钟。

本配方适合 3~4 人享用。

双枣桂花鸡加入了桂花酱、红枣和黑枣，甜味浓郁。

枣果肉厚实，维生素含量高，有养胃健脾、补血的功效，民间还有“日食三颗枣，百岁不显老”的说法。

桂花酱可以根据自己的口味适量增减。

第三章

宝贝健康费心力？快手儿童营养菜

再也不怕孩子挑食

每个妈妈都希望自己的宝宝可以吃到搭配均衡、营养健康的食物。我根据多年营养系教学经验，精选出 7 道色彩明快、营养丰富的菜品食谱，它们能让宝宝喜欢，妈妈放心！

色彩丰富，宝宝喜欢

想要吸引活泼好动、好奇心强的宝宝认真吃饭，菜品的色彩和造型就变得非常重要了。红色、黄色、绿色，这些鲜艳明亮的色彩会有增加食欲的效果，同时不同颜色也代表着食物的不同营养。另外，宝宝的咀嚼能力还没有发育完全，所以本节菜品特意选择了比较软烂的食材。

香菜樱虾蛋饼

食材

中筋面粉 60 克（饺子粉即可）

樱花虾（虾米）60 克

鸡蛋 6 个

香菜 150 克

调味料

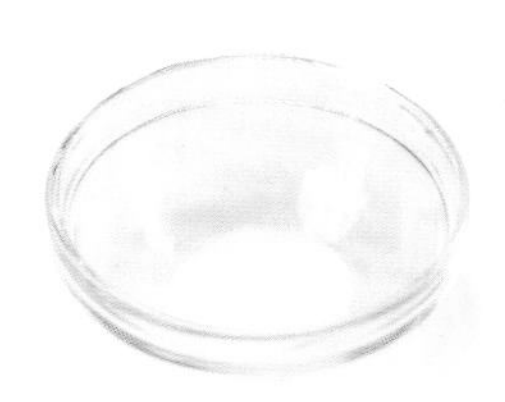

盐 5 克

白胡椒粉 3 克

干贝粉 5 克

植物油 5 毫升（煎虾）
7.5 毫升（煎饼）

步骤

① 处理食材

将香菜洗净切段，鸡蛋打散，面粉放入盆中，用手动打蛋器缓慢倒入鸡蛋液，搅拌均匀且没有干粉即可。

② 煎虾

锅热后倒入 5 毫升植物油，中火加入樱花虾翻炒爆香备用。

③ 材料混合

将鸡蛋面糊与煎好的樱花虾、香菜以及调味料混合均匀。

④ 煎饼

向热锅中倒入植物油，油热后倒入面糊，面糊定型后翻面煎熟，即可取出。

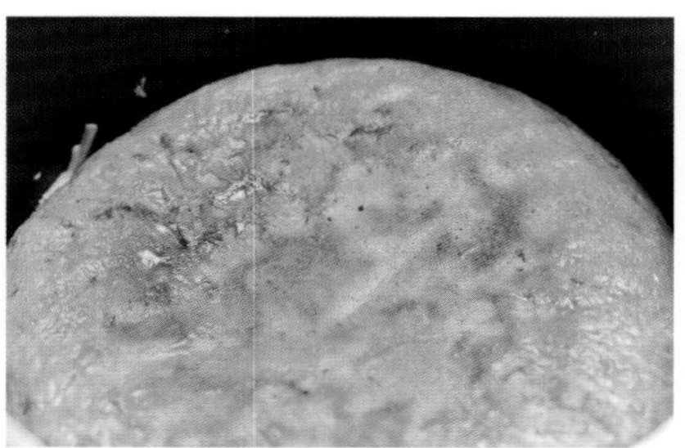

柯老大说

烹饪时间：约 25 分钟。

本配方适合 1~2 人享用。

在制作面糊时，1 个鸡蛋对应 10 克面粉，具体依面糊浓稠状态决定。

樱花虾较小，类似南方未剥皮的海米，如果用较大的海虾代替，需要剥皮后切段，也可以用虾仁代替，切碎使用即可。

如果干贝粉不方便购买，可以用鸡粉或海鲜粉代替。

番茄虾仁面

食材

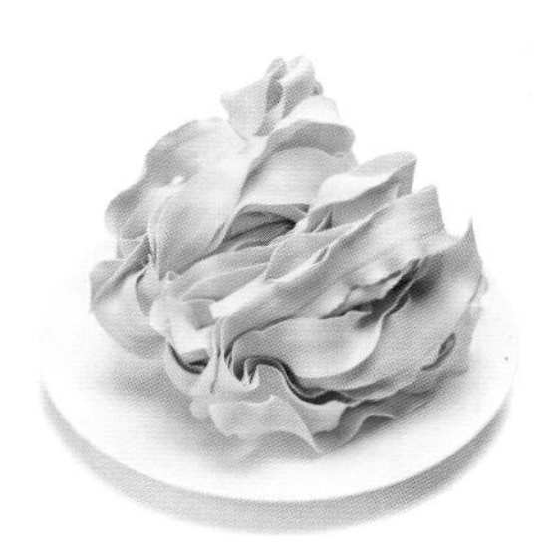

粄条面 1 份

虾仁 10~15 只

洋葱 1/8 个

口蘑 15~20 个

鸡蛋 2 个

番茄 1 个

调味料

植物油 7.5 毫升（炒鸡蛋）
15 毫升（炒洋葱等）

高汤 100 克

酱油 30 毫升

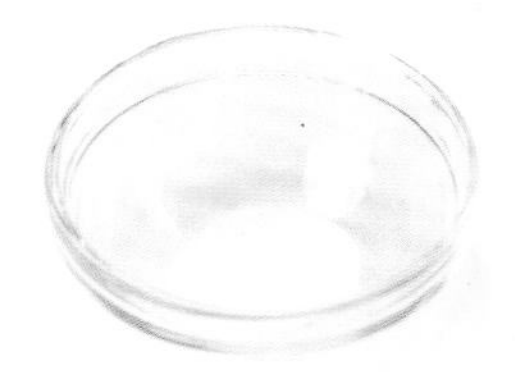

盐 5 克

黑胡椒粉 3 克

香油 2.5 毫升

葱花适量

步骤

① 处理食材

番茄洗净切丁，虾仁去肠泥，洋葱洗净切丁，葱洗净切丁，鸡蛋打散。

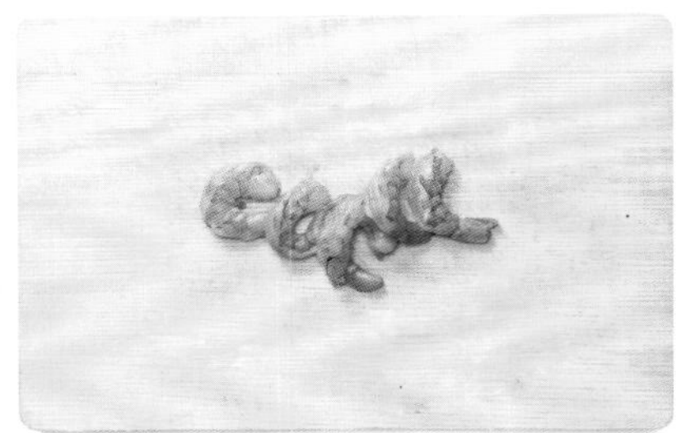

② 煸炒食材

向锅中倒入植物油，油热后倒入鸡蛋液，炒至成形取出；锅内再次放植物油，冷油放入洋葱爆香，炒出香味后放入番茄、口蘑，大火翻炒，待口蘑炒熟炒软后取出。

③ 煮面

另起一锅放入水，煮开后放入粄条面，煮软后捞出。

④ 炒面

锅内放入高汤，和刚刚炒熟的蔬菜一起煮开，放入虾仁，加酱油、黑胡椒粉、盐调味，加入煮好的面和炒熟的鸡蛋，炒至汤汁收干，撒上葱花，拌入香油即可。

柯老大说

烹饪时间：约 30 分钟。

本配方适合 2~3 人享用。

这是一道菜与主食合二为一的佳肴，番茄为整道菜带来酸甜的口味和红红的色彩，加上鲜嫩易消化的虾仁，一定会让宝宝食欲大增。

面条之后要炒制，为避免易断不要煮太软，烫熟即可。

粄条面是福建、台湾等地的传统米食，可以在进口超市或网上购买，也可以用米线或宽面替代。

爽薯三杯

食材

猪梅花肉 1 小块

土豆 1 个

小芋头 4 个

栗子 6~8 个

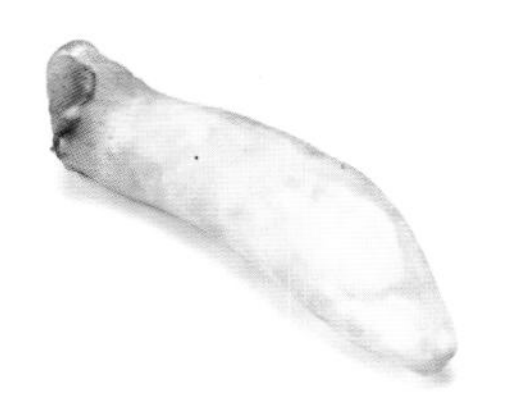

杏鲍菇 1 根

西兰花 1/6 颗（约 60 克）

调味料

胡麻油 15 毫升

酱油 30 毫升

米酒 22.5 毫升

老姜 1 小块

蒜 4~5 瓣

小米辣椒 3~5 根

冰糖 1 把

罗勒叶适量

步骤

① 处理食材

将梅花肉洗净切块，芋头、土豆、杏鲍菇、西兰花全部洗净切块，老姜洗净切片，小米辣椒洗净切斜段。

② 炒制食材

锅内加入胡麻油，冷锅入油，放姜片，低温爆炒至出香味，放梅花肉，炒至两面变色，放芋头、土豆、栗子，中火炒至变软，微焦状即可。

③ 焖制

加入少许冰糖、酱油，翻炒几下，加入西兰花和辣椒，炝入米酒，大火加盖焖 3 分钟，关火加入罗勒叶拌炒均匀即可。

柯老大说

烹饪时间：约 25 分钟。

本配方适合 2~3 人享用。

三杯的做法常常用于三杯鸡翅，这次我们选用了肉质鲜美、久煮不老的梅花肉作为食材，易于妈妈掌握火候。土豆、芋头、栗子软糯，西兰花口感清爽，搭配在一起品尝，口感层次更加丰富。

如果宝宝无法接受辣味，可以不放小米辣椒。

营养丰富，妈妈放心

宝宝生长发育的关键期，需要特别注意营养的均衡摄入，谷类、乳类、肉类、豆类、蔬菜、水果、坚果等都要有所摄入。我们制作儿童餐时，可以在同一道菜中多增加几种食材，给宝宝更加丰富的营养。

番茄排骨烧年糕

食材

猪腩排 10~15 块

洋葱 1/2 个

番茄 2 个

香菜适量

年糕 1 包（约 200 克）

调味料

植物油 15 毫升

高汤（没过食材，
具体情况具体判断）

酱油 30 毫升

乌醋 30 毫升

米酒 15 毫升

香油 10 毫升

黑胡椒粉 3 克

冰糖 1 把

步骤

① 处理食材

将番茄洗净切丁，洋葱洗净切丁，香菜洗净切末，猪腩排切小块，年糕提前在水中浸泡 30 分钟。

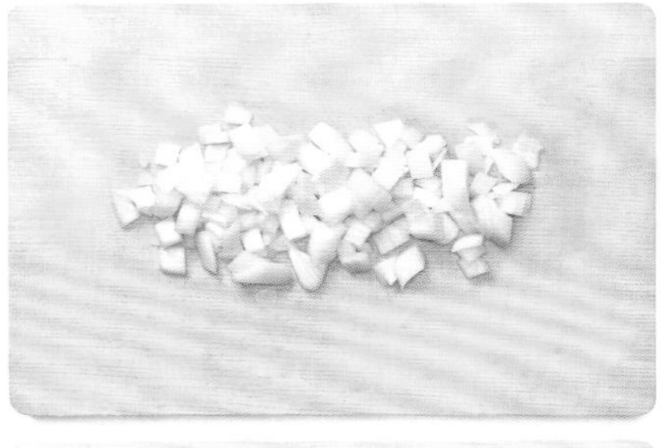

② 炒制食材

锅热入植物油，油热后小火放排骨，煎至底面变成金黄，翻面再煎至金黄，待排骨八分熟即可加入洋葱，大火炒香后加入番茄，炒至番茄变软脱皮，加入米酒炝香，再加入酱油、乌醋、冰糖，倒入可没过食材的高汤，大火煮开，转小火，盖锅盖焖煮 40 分钟~1 小时。

③ 煮熟年糕

焖煮过后，加入泡软的年糕，中火焖煮 5 分钟，待年糕煮熟后，加入黑胡椒粉、香油、香菜，搅拌均匀即可。

柯老大说

烹饪时间：约 1 小时。

本配方适合 3~4 人享用。

由于炖煮时间较长，年糕软糯入味。筋道弹牙的年糕，配上煎得金黄的排骨，整道菜香气浓郁，使宝宝爱不释手。

如果喜欢吃稍微软一点的年糕，可以先用开水烫煮一下年糕再捞出使用。

排骨入锅前需要用厨房用纸提前吸干表面水分，避免油煎时油花四溅。

不喜欢吃年糕的可以把年糕换成猪血糕、面条、粄条面、粉丝等。

如果乌醋不方便购买，可以用镇江醋代替。

烤鸡腿杂蔬

食材

烤鸡腿（熟）2 只

茭白 3 根

番茄 1 个

木耳 1 把

甜豆 20 根

调味料

植物油 22.5 毫升

盐 10 克

白胡椒粉 3 克

米酒 30 毫升

香油 10 毫升

步骤

① 处理食材

鸡腿肉切块，茭白洗净切块，番茄洗净切块，木耳泡软，甜豆洗净去除粗丝。

② 炒制食材

锅热放入植物油，中火放入茭白、番茄、木耳、鸡腿肉，炒至番茄变软脱皮，炝入米酒，中火加盖焖 3 分钟，放入甜豆，加入盐和胡椒粉调味，甜豆炒熟后放入香油。

柯老大说：

烹饪时间：约 20 分钟。

本配方适合 3~4 人享用。

这道菜直接选用烤熟的鸡腿作为食材，可以大大缩短做菜时间，让职场妈妈也能从容不迫做好儿童餐。茭白富含维生素、味道鲜美，甜豆含有多种人体必需的氨基酸，这 2 种食材的加入，让这道菜充满丰富的营养。

一道菜包含多种不同蔬菜时要特别注意下锅的顺序，比如甜豆要在茭白、番茄、木耳焖煮过后再放入。

甜豆一定要炒熟，不熟的甜豆有一定毒性。

鳗鱼盖浇饭

食材

大米 180 克

洋葱 1/4 个

日本竹轮 4 个

蒲烧鳗鱼 1 条

鸡蛋 2 个

青海苔 1 片

调味料

柴鱼酱油 30 毫升

清酒 75 毫升

味啉 75 毫升

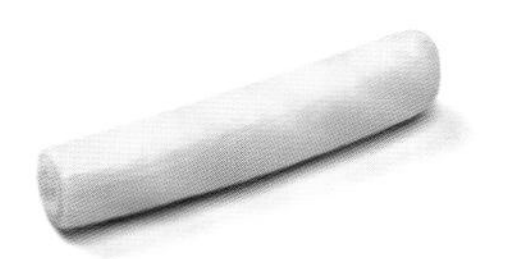

葱 1 段

步骤

① 处理食材

鳗鱼切块，洋葱洗净切丝，日本竹轮对切后切斜片，葱洗净切丝；大米洗净，倒入电饭煲加水煮熟。

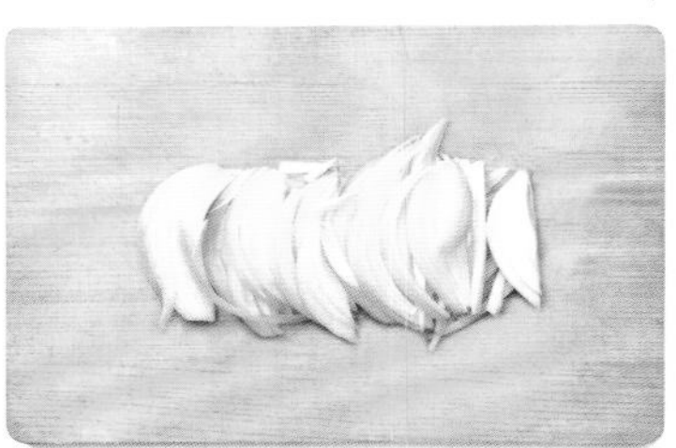

② 制作竹轮蛋饼

锅内倒入味啉、清酒、柴鱼酱油，大火煮沸，放洋葱大火煮一分钟，放竹轮、葱丝、鳗鱼，收汁后淋入鸡蛋液，改中火，成形即可。取出淋在煮好的米饭上，鳗鱼盖浇饭就做好啦。

柯老大说

烹饪时间：约 25 分钟。

本配方适合 1~2 人享用。

竹轮是一种日式食材，主要由鱼肉和淀粉制作而成，在日式火锅、关东煮中较为常见。这道盖浇饭含有竹轮，增加了日式风味。鳗鱼富含蛋白质和脑细胞不可缺少的营养素磷脂，为宝宝的智力发育添砖加瓦。

如果想要摆盘好看，也可以最后摆上鳗鱼。

鸡蛋成形即可，不需要全熟。

如果柴鱼酱油不方便购买，可以使用其他口味较淡的酱油。

柯老大独创

以前牛肉面在台湾只有三种：清炖牛肉面、红烧牛肉面和番茄牛肉面。永远都是肉块，没有肉片，也没有其他的烹调模式。

并不是随便拿来一块牛肉就可以做牛肉面，每个部位、每个品种的牛肉，都会在不同方面有自己的优良表现和味觉呈现。比如肥牛如果拿来红烧未必好吃，但是涮起来就非常美味。

所以我就想到，如果我们把以前那种红烧、清炖的方式稍微改变一下，改用涮的方式，是不是能够让牛肉的口感更好，让面条更美味。

我和牛肉面的渊源由来已久，我曾策划并创办了“台北牛肉面节”，前三届我都是以策划人的身份参与其中，现在“台北牛肉面节”已经举办了二十多届。这一美食节最初是台北市政府发起的。因为有人问：台北的代表美食是什么？虽然台北是一个大城市，来自各地的食物都会聚集在这里，但是并没有一种独创性的美食可以代表台北。由于在台北的街头巷尾都可以吃到牛肉面，我当时就想，不如把这种大街小巷随处可见的美食作为台北的美食代表，也就策划了“台北牛肉面节”。

创新牛肉面

食材

牛骨 1 块

牛肉卷 2 盒

面条适量

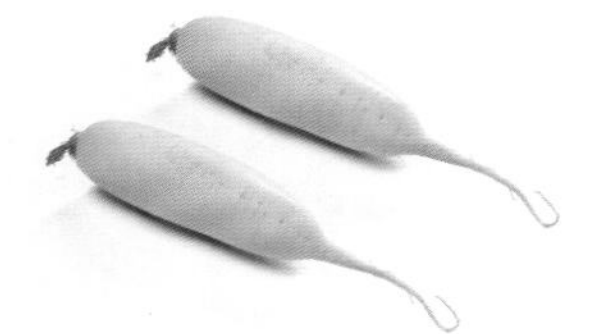

白萝卜 2 根

胡萝卜 2 根

调味料

花椒 1 把

八角 10 颗

白胡椒粉 3 克

盐 5 克

小葱 3~4 根

步骤

① 处理食材

把胡萝卜、白萝卜切长条状，剩余的萝卜皮保留备用。

条状的胡萝卜、白萝卜用削皮刀削成大小基本一致的薄片。

小葱切碎。

② 煮高汤

大火煮开水，放牛骨，煮开后放入剩余的萝卜皮，再次煮开后取出牛骨，并用热水冲去骨头上的浮沫。

③ 慢炖高汤

另起一锅，锅内放水，再放牛骨、萝卜皮、花椒、八角煮开，大火加盖熬制 3 小时左右，过滤掉残渣保留原汤，加盐和白胡椒粉调味。

④ 烫熟食材

按照喜欢的软硬度煮好面条，建议不要煮得太软，否则面条没法充分吸收高汤的汤汁。

牛肉卷和胡萝卜片、白萝卜片在高汤中加滤网烫熟，放在煮好的面条旁边，撒上葱花，淋上汤汁，即可享用。

柯老大说

烹饪时间：约 3 小时 20 分钟（包含 3 小时高汤炖煮时间，可以趁周末提前准备）。

本配方适合 2~3 人享用。

萝卜切成长条状是为了使之后削出来的萝卜片大小一致。

剩余的萝卜皮留着熬汤，可以去腥，也保留了萝卜表皮的营养成分。

削萝卜片时不要用力，越用力萝卜片越厚，用力越轻萝卜片越薄。

第四章

挚友亲朋齐欢聚，体面快手宴客菜

信手拈来的炫技菜

过节回家的时候，是不是很羡慕家里的长辈们会做几道拿手的看家菜？想不想今年回家露一手？本章为你精心准备了 8 道厨房“小白”也可以轻易上手的炫技菜，从惊艳冷菜到看家大菜、星级汤品，应有尽有。回家赶紧试一试，宴请宾客时可大显身手！

惊艳冷菜

冷菜一般操作简单，仅 3~4 步即可完成，无须长时间开火，最终呈现的造型及味蕾感受却十分惊艳，或咸香开胃，或清爽筋道，最适合厨房“小白”入门学习。

冷泡九孔鲍

食材

新鲜九孔鲍 15 只

调味料

话梅 10 颗

碎冰糖 100 克

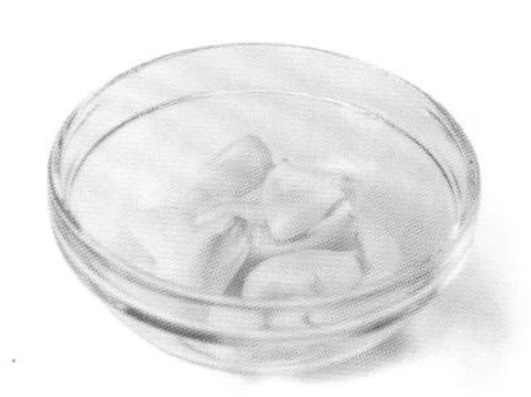

蒜 5~6 瓣

干辣椒 10 根

酱油 100 毫升

米酒 50 毫升

步骤

① 酱汁制作

将话梅、碎冰糖、干辣椒、酱油、米酒、500 克水放入锅中，小火煮开，放凉备用。

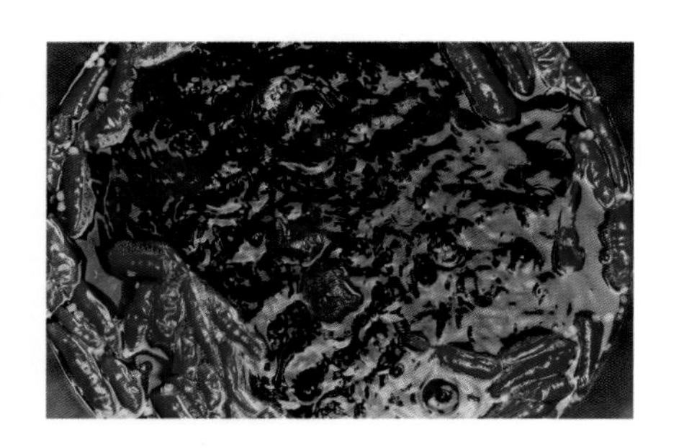

② 处理食材

将蒜洗净拍碎，九孔鲍浸泡去掉沙和杂质。

③ 焯鲍鱼

大火煮开水，放入鲍鱼煮 1 分钟，过凉水再冰镇，冰镇约 15 分钟后沥干水分。

④ 浸泡冷藏

容器内放入鲍鱼，放上拍碎的蒜，淋入调好的酱汁（包括调料），密封放入冰箱冷藏 6 小时后即可食用。

柯老大说

烹饪时间：约 20 分钟。

本配方适合 7~8 人享用。

冷泡九孔鲍咸香微辣，又有话梅和冰糖的清甜，冰镇过后，清爽开胃。摆盘对这道菜来说是点睛之笔，如将鲍鱼分两层摆成花朵状，那么菜品的呈现效果会更好。

鲍鱼焯水后过凉水再冰镇的目的是让鲍鱼肉质紧实，更加弹牙，口感更好。

榨菜肚丝

食材

猪肚（煮熟）300 克

榨菜丝 100 克

金针菇 100 克

调味料

酱油 15 毫升

辣油 30 克

日本芝麻酱 15 克

蒜泥 5 克

凉拌醋 10 毫升

白砂糖 10 克

葱 1 段

小米辣椒 2 根

步骤

① 处理食材

熟猪肚切成丝状。榨菜丝用冷水漂洗干净。金针菇用开水焯后浸泡冷水，控干水分备用。葱切丝，小米辣椒切丝。

② 制作酱汁

将调味料全部拌匀。

③ 摆盘调味

所有食材拌匀放在盘中，淋上酱汁，享用前拌匀即可。

柯老大说

烹饪时间：约 10 分钟。

本配方适合 3~4 人享用。

榨菜、金针菇、肚丝的组合，让这道菜呈现出筋道爽脆的口感。由于榨菜本身有一定咸味，所以无须再加盐调味。仅需处理食材、制作酱汁、摆盘调味 3 步，快试试吧！

看家大菜

所谓“炫技菜”，就是通过成品就能感受到制作过程的复杂，因此海鲜、肉类常常成为看家大菜的主角。清蒸螃蟹、香辣蟹太常见，不能显出你高超的厨艺，那就做一道桂花螃蟹；炖羊肉听起来十分家常，那就分为四部曲做一锅暖暖的羊肉炉吧！

桂花螃蟹

食材

螃蟹 2~4 只（梭子蟹、面包蟹等肉蟹即可）

洋葱 1/2 个

面粉适量

鸡蛋 2 个

调味料

香油 10 毫升

酱油 15 毫升

白砂糖 30 克

乌醋 22.5 毫升

蒜 6 瓣

植物油 15 毫升（炒制）
1 000 毫升（油炸螃蟹）

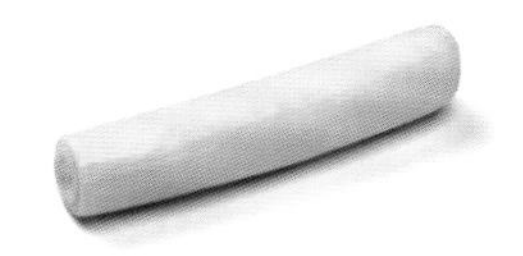

葱 1 段

小米辣椒 4 根

步骤

① 处理食材

螃蟹洗净剁块，处理干净，洋葱洗净切丝，蒜切小块，辣椒洗净切段，葱洗净切块，鸡蛋打散。

② 炸螃蟹

锅中加入大量的植物油，油温合适的时候，加入蘸过少量面粉的螃蟹，大火油炸 1 分钟左右翻面，淋上打好的鸡蛋液一起炸熟，起锅沥油。

③ 炒螃蟹

锅内倒 15 毫升植物油，放入蒜、辣椒、洋葱大火炒出香味，再加入乌醋、酱油、白砂糖和适量的水，放入炸好的螃蟹、葱段，翻炒一下即可盛出。

柯老大说

烹饪时间：约 20 分钟。

本配方适合 2~3 人享用。

桂花螃蟹颜色红亮，经过炸制的蟹壳和蟹肉都变得酥脆，兼具颜值与美味。

测试油温可拿干净的木筷戳在油中，筷子周围冒小气泡，此时油温为 160~180 度，是比较适宜油炸食材的温度。

炸海鲜的油不能重复使用，所以炒螃蟹时需要重新倒油。

这款桂花螃蟹中并没有使用到桂花，名字的由来是因为散落在螃蟹旁的炸鸡蛋碎末很有桂花的意境。

如果乌醋不方便购买，可以用镇江醋代替。

台湾羊肉炉四部曲

第一步：制作羊骨药膳汤

食材

羊骨头 4 块（约 350 克）

调味品

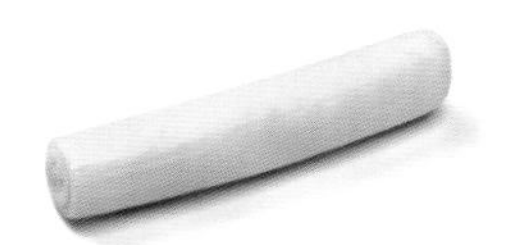

葱 1 段

老姜 1 块（约 100 克）

米酒 1 瓶（600 毫升）

“十全大补药”

川芎 3 克

白芍 5 克

熟地 10 克

炙甘草 5 克

黄芪 10 克

肉桂 5 克

桂枝 5 克

草果 3 克

红枣 20 克

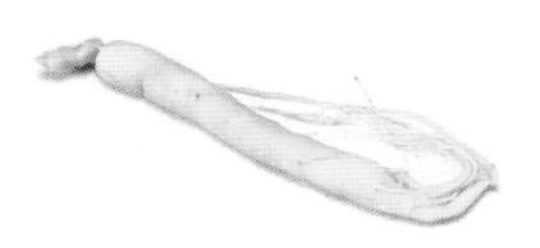

人参 10 克

白术 10 克

陈皮 10 克

枸杞 10 克

茯苓 10 克

步骤

① 锅中放入清水，将羊骨头与陈皮一起入锅汆烫 10 分钟，取出羊骨，漂洗干净，沥干水分备用。

② 将除红枣与枸杞之外的中药材放入纱布袋内。

③ 向锅内倒入一瓶米酒（600 毫升）及 1 800 毫升水，再放入药材包、红枣、枸杞、羊骨头、老姜、葱，小火熬煮 2 小时。

第二步：羊肉炉制作

食材

带皮羊肉 500 克

调味品

陈皮 10 克

老姜 1 块（约 150 克）

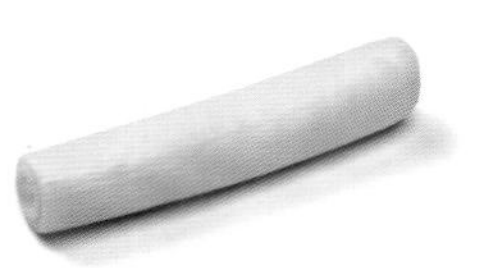

葱 1 段

米酒 1/2 瓶（300 毫升）

胡麻油 20 毫升

羊骨药膳汤（第一步所得）

步骤

① 处理食材：羊肉切块，姜洗净切片，葱洗净切段。

② 将羊肉与陈皮先放入沸水内氽烫 10 分钟，取出沥干水分备用。

③ 老姜用胡麻油爆香。

④ 加入羊肉炒香，后加入米酒及羊骨药膳汤，盖上锅盖小火煮 1 小时即可。

第三步：羊肉炉蘸酱

调味品

麻油腐乳 25 克（带汁）

辣豆瓣酱 22.5 克

二砂糖[1] 10 克

香油 5 毫升

步骤

将所有调味品全部搅拌均匀即可，食谱中各调料为参考量，可根据个人口味调整。

---

① 二砂糖是蔗糖第一次结晶后所产的糖，具有焦糖色泽和香气。——编者注

第四步：羊肉炉火锅

食材

火锅料 1 包

步骤

在第二步做好的传统羊肉炉中加上自己喜欢的蔬菜和火锅料等，边煮边吃边加料。

柯老大说

烹饪时间：约 3 小时 20 分钟。

本配方适合 5~6 人享用。

羊肉炉煮好的上层油脂可以加上少许高汤一起拌面线吃，味道非常好！

传统羊肉炉就是羊肉加药膳汤，没有添加其他的食材，主要注重药膳疗效，补虚劳，补气血。

食谱中的药材比例仅供参考，也可以就个人体质请中医师开药方做药膳。

第一步中用到的“十全大补药”，可以起到祛寒、去腥的作用，如果药材不方便购买，可不加。

咖喱牛肉汤

食材

熟牛腱子 1/4 副
熟牛筋 100 克

番茄 2 个

芹菜 1 把

洋葱 1/2 个

口蘑 10~15 个

欧芹（巴西里）15 克

调味料

意大利香料[1] 5 克

植物油 30~45 毫升

盐 15 克

黑胡椒粉 5 克

咖喱粉 20 克

---

① 意大利香料包含百里香、迷迭香、牛至等，可以在超市购买。——编者注

步骤

① 处理食材

将熟牛腱子、熟牛筋切成丁状，番茄、洋葱、口蘑洗净切成丁状，芹菜洗净切段，欧芹切成末。

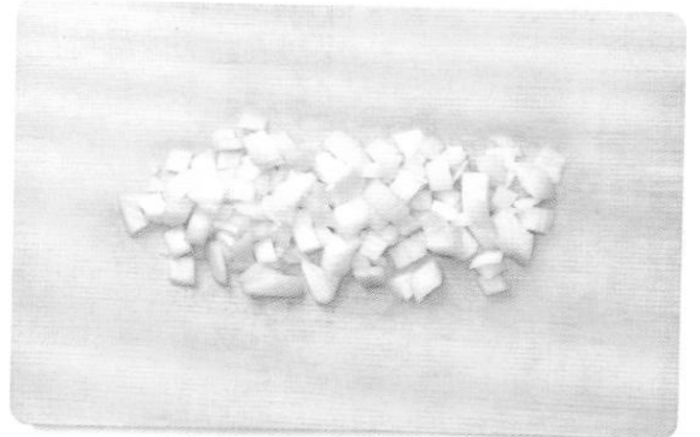

② 煮汤

锅中倒入植物油，油热之后加入番茄、芹菜、洋葱、口蘑，中火炒至食材略微变软，加入咖喱粉炒香；随后加水没过食材，煮开后往锅里放入牛腱子和牛筋，加入意大利香料，小火煮约 40 分钟。

③ 调味

煮至牛肉用筷子可以轻松扎透后，放入盐、黑胡椒粉调味，撒入欧芹末，翻动几次，即可关火出锅。

柯老大说

烹饪时间：约 1 小时 10 分钟。

本配方适合 3~4 人享用。

这道菜使用了咖喱粉和意大利香料两种特殊调味料，使牛肉汤香气非常浓郁。咖喱汤的橙色，配上番茄的红色、欧芹的绿色，让这道菜色彩丰富，更加诱人。

生牛腱子、生牛筋做法：

大火将水煮开，放入牛筋、牛腱，再次煮开后转小火煮一个半到两个小时，用筷子戳肉可以戳透且没有血水即为煮好。

咖喱牛肉汤中加少许意大利香料，可以很好地调节菜品的味道，使得菜品的口感更好，口味更加丰富！

星级汤品

要想让汤品达到星级标准，一定要用心做好每一道工序。只是高汤的熬煮就要花费几个小时的时间，有些人可能难以理解为什么要付出这么长时间的等待，而这也正是下厨人的匠心所在。精心制作的汤品一定能暖心暖胃。

泰式酸辣虾汤

食材

海白虾 9 只

香菜梗 10 克
香菜叶适量

米粉（干）50 克

草菇 15~20 个

猪排骨 300 克

鸡骨架 1 个（约 1 000 克）

小番茄 3~8 个

调味料

泰式酸辣汤酱 100 克

鱼露 22.5 毫升

椰糖 50 克

椰奶 50 克

柠檬汁 45 毫升

植物油 45 毫升

香茅 3~4 根

柠檬叶 5~6 片

小米辣椒约 10 根

步骤

① 制作高汤

大火将水煮开，放入猪排骨和鸡骨架，再次煮开后转小火煮大概 4 小时。可用提前准备好的高汤替代。

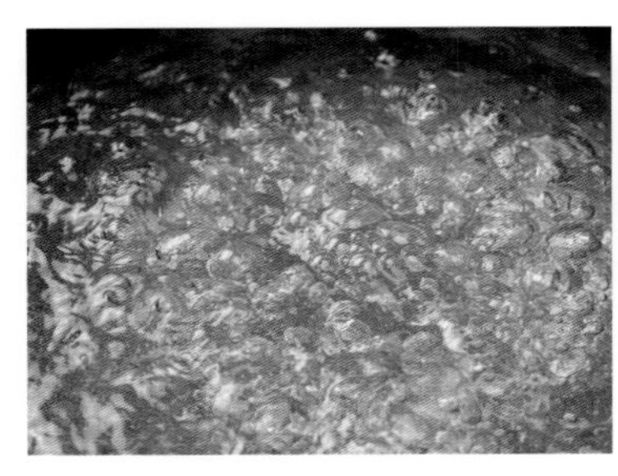

② 处理食材

草菇和小番茄洗净后每个一分为四，柠檬叶洗净整片备用，香茅、香菜梗切段，小米辣椒去根。

③ 煎虾

向锅内倒入植物油，油热后将虾放入锅中，中火煎至稍微上色后取出。

④ 煮汤

保留煎虾的油，放入泰式酸辣汤酱炒香，再放入香茅、柠檬叶、小米辣椒、小番茄、草菇、香菜梗，中火炒至上色，加入高汤，煮开后转小火再煮 5 分钟。

⑤ 调味

放入鱼露、椰糖，搅拌溶化后放入煎好的虾，再次煮开后放入椰奶和柠檬汁，搅拌均匀。

⑥ 煮米粉

另起一锅，水煮开后放入米粉，转中火煮 10 分钟，煮好后过凉水，沥干水分。

煮好的米粉搭配酸辣虾汤和香菜叶一起食用。

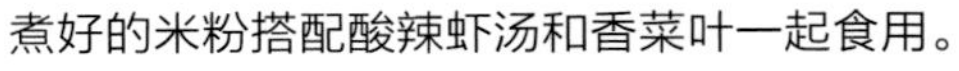

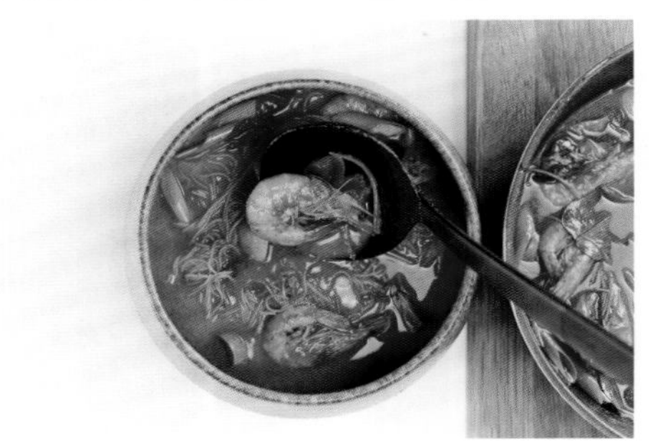

柯老大说

烹饪时间：约 4 小时 20 分钟（包含 4 小时高汤炖煮时间，可以趁闲暇提前准备）。

本配方适合 3~4 人享用。

泰国菜的特点是有鲜明的酸辣味，这道汤品也不例外。泰式酸辣汤酱带来浓浓的酸辣味，椰奶和椰糖则让汤品拥有了东南亚特有的奶香味道。酸辣开胃，连同虾肉和米粉一起食用，味道更佳！

如果椰糖不方便购买，可以使用二砂糖（黄色砂糖）代替。

如条件允许，海白虾可换成胭脂虾。胭脂虾产期在四、五月份，是深海珍贵虾类。因为生长于深海，胭脂虾的肉质鲜嫩细致，口感极佳，不腻口。

熬高汤的骨头肉可以放到汤里吃，味道超棒！

意大利风味鸡肉培根蔬菜汤

食材

去骨土鸡腿 1 只半

培根片 2 片

洋葱 1/2 个

番茄 1.5 个

欧芹 15 克

胡萝卜 1/2 根

圆白菜 1/2 个

芹菜 1/2 根

调味料

意大利香料 5 克

盐 15 克

黑胡椒粉 3 克

橄榄油少许

步骤

① 处理食材

去骨土鸡腿、培根片切成丁状，圆白菜、番茄、芹菜、胡萝卜、洋葱全部切成丝，欧芹切末。

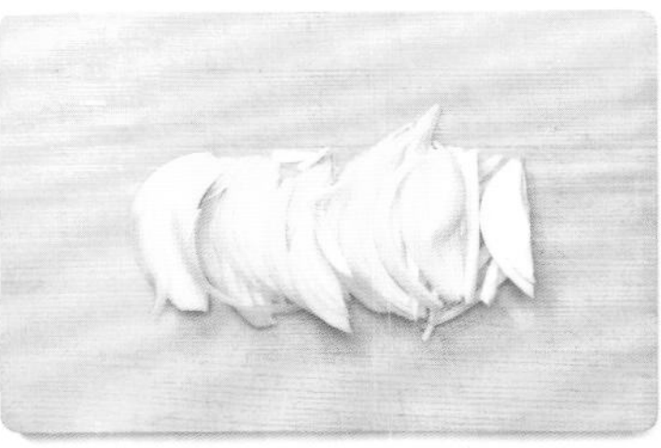

② 煮汤

将所有食材放入锅内，加入可没过食材的水，大火煮开，转小火盖锅盖煮大约 40 分钟。

③ 调味

放入意大利香料、盐、黑胡椒粉搅拌均匀，食用时撒上欧芹末即可。

柯老大说

烹饪时间：约 50 分钟。

本配方适合 2~3 人享用。

把在不同地方品尝过的美食经过自己的改良制作出新的食谱，是作为厨师的乐趣所在。意大利香料是这道汤品的点睛之笔，黑胡椒的加入则让人喝过之后胃里暖暖的。

小火煮汤时要随时关注一下锅内的状态，避免外溢。

享用前可以淋入少许橄榄油提香及提升口感！

柯老大独创

常见的花甲鸡多为酱香口味，而花甲鸡焖笋这道菜则通过加入清香脆嫩的竹笋和玉米笋，外加简单的调味料，营造出鲜美醇厚的味道，让你品尝到食物本身的鲜味。

花甲鸡焖笋

食材

竹笋 1 包

花甲（花蛤）20 只

木耳 1 把

鸡腿 1~2 只

玉米笋 5 根

胡萝卜 1/2 根

调味料

植物油 15 毫升

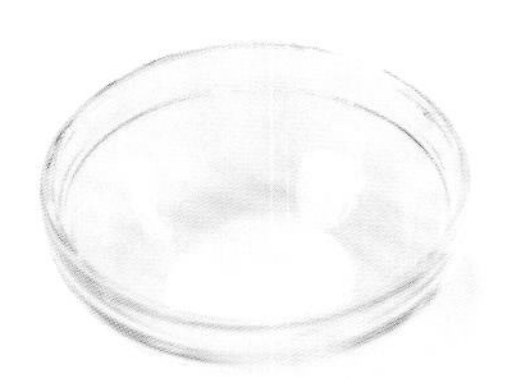

盐 5 克

米酒 30 毫升

白胡椒粉 3 克

香油 5 毫升

葱花适量

步骤

① 处理食材

鸡腿洗净切块，竹笋切块，胡萝卜洗净切块，木耳洗净泡软。

② 炒制食材

锅热后倒入植物油，油热后放鸡腿，鸡皮面朝下放置，中火煎至微焦状，再翻面煎至上色，随后依次加入竹笋、玉米笋、胡萝卜、木耳，一起拌炒后，加入可淹没食材的水，盖上锅盖焖煮 5 分钟。

③ 煮花甲

焖煮至食材变软后加入花甲，炝入米酒，加入盐、白胡椒粉，中火焖煮至花甲全熟全开，再淋上香油，撒上葱花即可。

柯老大说

烹饪时间：约 20 分钟。

本配方适合 2~3 人享用。

花甲鸡焖笋味道鲜美，操作简单。

掌握焖煮花甲的火候非常重要，时间过长口感会变硬，只要开口即可调味出锅。

鸡腿肉要提前用厨房用纸吸水，避免油煎时油花四溅。